团体标准

高层建筑物抬升纠倾技术规程

Technical specification for up-lifting and incline-rectifying of high-rise buildings

T/CI 240—2023

李今保　徐赵东　主编

東南大學出版社
SOUTHEAST UNIVERSITY PRESS
·南京·

图书在版编目（CIP）数据

高层建筑物抬升纠倾技术规程 ：T/CI 240—2023 / 李今保，徐赵东主编. -- 南京：东南大学出版社，2024. 11. -- ISBN 978-7-5766-1635-4

Ⅰ. TU978-65

中国国家版本馆 CIP 数据核字第 2024H6P467 号

责任编辑：张新建　责任校对：韩小亮　封面设计：余武莉　责任印制：周荣虎

高层建筑物抬升纠倾技术规程(T/CI 240—2023)

Gaoceng Jianzhuwu Taisheng Jiuqing Jishu Guicheng (T/CI 240—2023)

主　　编：李今保　徐赵东

出版发行：东南大学出版社

社　　址：南京四牌楼 2 号　邮编：210096　电话：025-83793330

出 版 人：白云飞

网　　址：http://www.seupress.com

经　　销：全国各地新华书店

印　　刷：广东虎彩云印刷有限公司

开　　本：850 mm×1168 mm　1/32

印　　张：2

字　　数：50 千字

版　　次：2024 年 11 月第 1 版

印　　次：2024 年 11 月第 1 次印刷

书　　号：ISBN 978-7-5766-1635-4

定　　价：60.00 元

目　次

前　言

本文件按照GB/T 1.1—2020《标准化工作导则 第1部分：标准化文件的结构和起草规则》的规定起草。

请注意本文件的某些内容可能涉及专利。本文件的发布机构不承担识别专利的责任。

本文件由江苏东南特种技术工程有限公司、东南大学提出。

本文件由中国国际科技促进会归口。

本文件起草单位：江苏东南特种技术工程有限公司、中国一巴基斯坦重大基础设施智慧防灾“一带一路”联合实验室、东南大学、同济大学、清华大学、河海大学、湖南大学、北京交通大学、南京林业大学、安徽建筑大学、江苏大学、西安建筑科技大学、西南石油大学、中国建筑科学研究院有限公司、中铁西北科学研究院有限公司、四川省建筑科学研究院有限公司、陕西省建筑科学研究院有限公司、浙江省建筑科学设计研究院有限公司、山东省建筑科学研究院有限公司、福建省建筑科学研究院有限公司、上海市建筑科学研究院有限公司、北京市建筑设计研究院有限公司、江苏省建筑设计研究院有限公司、东南大学建筑设计研究院有限公司、江苏东南建筑工程结构设计事务所有限公司、东南大学岩土工程研究所、南京大学建筑规划设计研究院有限公司、中国建筑西南勘察设计研究院有限公司、西部建筑抗震勘察设计研究院有限公司、建研地基基础工程有限责任公司、中铁四局集团有限公司、中国建筑第二工程局有限公司、中国建筑第六工程局有限公司、陕西建工控股集团未来城市创新科技有限公司、广州市胜特建筑科技开发有限公司、杭州固特建筑加固技术工程有限公司、北京东方华太工程咨询有限公司威海分公司、湖北中构建设集团有限公司、北京华尊建设集团有限公司、山西铁鑫基础工程有限公司、广西交通设计集团有限公司、凯屹建设(山西)有限公司、南通市建筑科学研究院有限公司、江苏铭城建筑设计院有限公司、盐城市房屋安全鉴定中心、盐城明盛建筑加固改造技术工程有限公司、西安万科企业有限公司、上海天演建筑物移位工程股份有限公司、杭州圣基建筑特种工程有限公司、浙江固邦建筑特种技术有限公司、广西北部湾投资集团有限公司、江苏创安结构设计事务所有限公司、江苏明德建设工程质量安全鉴定有限公司、北京怀仁前景工程技术有限公司、湖州科鑫建筑加固技术有限公司、江阴市建筑新技术工程有限公司。

本文件主要起草人:李今保、徐赵东、李碧卿、张继文、戴军、叶观宝、张振、王元清、吴二军、卜良桃、崔江余、刘丽、郭迎庆、陈东、夏光辉、盖盼盼、董尧荣、胡启军、孙彬、王桢、黎红兵、王宝卿、边兆伟、夏仁宝、崔士起、张天宇、兰学平、苗启松、李卫平、孙逊、马江杰、姜帅、张龙珠、李仁民、汤荣广、莫振林、薛斌、李翔宇、韩培琰、侯勇辉、余流、田鹏刚、吴如军、任建成、李显文、钱则峰、刘荣春、柯炳烈、崔晓丹、张荔华、何水鑫、何西鹏、贾国平、姜记冰、张忠、刘艳琴、潘留顺、卢林涛、蓝戊己、王建永、彭勇平、王擎忠、张林波、江伟、陈齐风、潘宇翔、董艳宾、景晓斌、潘新根、张志强。

高层建筑物抬升纠倾技术规程

1 范围

1.1 为在加强高层建筑物抬升纠倾工程中贯彻执行国家的技术经济政策，做到安全可靠、确保质量、经济合理、绿色环保制定本文件。

1.2 本文件适用于高层建筑物抬升纠倾工程的检测鉴定、设计、施工、监测和验收工作。

1.3 高层建筑物抬升纠倾工程的检测鉴定、设计、施工、监测和验收除应符合本文件外，尚应符合国家现行有关标准的规定。

2 规范性引用文件

下列文件中的内容通过文中的规范性引用而构成本文件的必不可少的条款。其中，注日期的引用文件，仅该日期对应的版本适用于本文件；不注日期的引用文件，其最新版本（包括所有的修改单）适用于本文件。

GB 55001 工程结构通用规范

GB 55002 建筑与市政工程抗震通用规范

GB 55003 建筑与市政地基基础通用规范

GB 55008 混凝土结构通用规范

GB 55021 既有建筑鉴定与加固通用规范

GB/T 50010 混凝土结构设计标准

GB/T 50011 建筑抗震设计标准

GB 50007 建筑地基基础设计规范
GB 50367 混凝土结构加固设计规范
GB 50666 混凝土结构工程施工规范
GB 50728 工程结构加固材料安全性鉴定技术规范
GB 50550 建筑结构加固工程施工质量验收规范
JGJ 94 建筑桩基技术规范
JGJ 123 既有建筑地基基础加固技术规范
JGJ 270 建筑物倾斜纠偏技术规程
T/CECS 225 建筑物移位纠倾增层与改造技术标准
T/CECS 295 建（构）筑物托换技术规程

3 术语和定义

下列术语和定义适用于本文件。

3.1 术语

3.1.1 抬升纠倾 up-lifting incline-rectifying

对倾斜的高层建筑物采用技术措施，抬升沉降较大一侧的基础或上部结构，实现对高层建筑物予以扶正的方法。

3.1.2 回倾速率 incline-reverting speed

高层建筑物纠倾时，顶部固定观测点回倾方向的每日水平位移值。

3.1.3 地基基础设计加固度 design reinforcement degree of foundation base

纠倾加固设计中地基基础托换新增总抗力值与基础结构总荷载组合效应值的比值。

3.1.4 截断墙（柱）抬升法 lifting method of truncated wall

(column)

通过直接截断上部结构构件并进行相应抬升操作以达到抬升纠倾高层建筑物目的的方法。

3.1.5 室内桩基抬升法 indoor pile foundation lifting method

通过室内新增桩基作为抬升反力装置抬升纠倾高层建筑物的方法。

3.1.6 基础底部桩基抬升法 foundation bottom pile lifting method

通过基础底部新增桩基作为抬升反力装置抬升纠倾高层建筑物的方法。

3.1.7 防复倾加固 strengthening preventing repeated incline

为防止高层建筑物纠倾后再次倾斜，对其地基、基础或结构进行相应的加固处理。

3.1.8 信息化施工 information construction

通过分析纠倾施工监测数据，及时调整和完善纠倾设计与施工方案，保证施工有效和回倾可控、协调。

3.2 定义

下列定义适用于本文件。

3.2.1 几何参数

a ——纠倾设计预留沉降值（mm）；

A ——纠倾及防复倾加固后的基础底面面积（m^2）；

A_a ——钢管桩净截面面积（m^2）；

A_b ——局部受压的计算底面积（m^2）；

$A_{c,N}$ ——单根锚栓或群锚受拉时，混凝土实际锥体破坏投影面面积（m^2）；

$A_{c,N}^0$ ——单根锚杆受拉时，混凝土锥体破坏投影面面积（m^2）；

A_l ——混凝土局部受压面积（m^2）；

A_{ln} ——混凝土局部受压净面积（m^2）；

A_p ——桩端截面面积（m^2）；

A_{ps} ——桩内混凝土横截面面积（m^2）；

A_s ——锚杆钢筋截面面积（m^2）；

A'_s——纵向主筋截面面积（m^2）；

b ——纠倾方向建筑物宽度（m）；

e' ——纠倾及防复倾加固后高层建筑物的偏心距（m）；

h ——截断面以上上部结构水平向荷载组合效应设计值的等效形心与转动轴间的竖向距离（m）；

h_{ef} ——锚杆有效锚固深度（m）；

H_g ——自室外地面起算的建筑物高度（m）；

l ——转动轴至计算抬升点的水平距离（m）；

l_i ——桩周第 i 层土的厚度（m）；

L ——截断面以上上部结构重心与转动轴间的水平距离（m）；

L_x ——转动轴至沉降最大点的水平距离（m）；

S_H ——纠倾顶部水平变位设计控制值（mm）；

S_{H1}——顶部水平偏移值（mm）；

S_v ——纠倾设计目标抬升量（mm）；

S'_v——纠倾直接施工到位的抬升量（mm）；

u ——桩身周长（m）；

W ——纠倾及防复倾加固后基础底面的抵抗矩（m^3）；

x_i、x_j、y_i、y_j ——纠倾及防复倾加固后，第 i、j 根基桩至 y、x 轴的距离（m）；

Δh_i ——抬升点计算抬升量（mm）。

3.2.2 物理力学指标

f ——钢材的抗拉、抗压和抗弯强度设计值（N/mm^2）；

f_c ——混凝土轴心抗压强度设计值（N/mm²）；

$f_{cu,k}$ ——混凝土立方体抗压强度标准值（N/mm²）；

f_y ——钢筋的抗拉强度设计值（N/mm²）；

f'_y ——纵向主筋抗压强度设计值（N/mm²）。

3.2.3 作用效应和抗力

C_k ——相应于作用的标准组合时，纠倾及防复倾加固后增加的上部结构竖向力、增加的基础（桩基承台）自重及增加的基础上的土重之和（kN）；

F ——施工过程中截断面以上上部结构水平向荷载组合效应值（kN）；

F_k ——相应于作用的标准组合时，原上部结构传至基础顶面的竖向力（kN）；

F_l ——局部受压面上作用的局部荷载或局部压力设计值（kN）；

G ——截断面以上上部结构荷载总效应值（kN）；

G_k ——原基础自重和基础上的土重（kN）；

H_k ——作用效应标准组合下，纠倾及防复倾加固后作用于桩基承台底面的水平力（kN）；

H_{ik} ——作用效应标准组合下，纠倾及防复倾加固后作用于第 i 根基桩或复合基桩的水平力（kN）；

M_{hk} ——相应于作用的标准组合时，纠倾及防复倾加固水平力作用于基础底面的力矩值（kN·m）；

M_{pk} ——相应于作用的标准组合时，纠倾及防复倾加固作用于基础底面的力矩值（kN·m）；

M_{pxk}、M_{pyk} ——作用效应标准组合下，纠倾及防复倾加固后作用于承台底面绕通过桩群形心的 x、y 轴的力矩值（kN·m）；

N ——荷载效应基本组合下的桩顶轴向压力设计值（kN）；

N_a——抬升点的抬升荷载值（kN）；

N_{ik}——作用效应标准组合偏心竖向力作用下，纠倾及防复倾加固后第 i 根基桩或复合基桩的竖向力（kN）；

N'_{ik}——作用效应标准组合偏心竖向力作用下，纠倾及防复倾加固后第 i 根基桩所承受的拔力（kN）；

N_k——作用效应标准组合轴心竖向力作用下，纠倾及防复倾加固后基桩或复合基桩的平均竖向力（kN）；

p_k——相应于作用的标准组合时，纠倾及防复倾加固后基础底面处的平均压力值（kPa）；

p_{kmax}——相应于作用的标准组合时，纠倾及防复倾加固后基础底面边缘的最大压力值（kPa）；

p_{kmin}——相应于作用的标准组合时，纠倾及防复倾加固后基础底面边缘的最小压力值（kPa）；

q_{sik}——桩侧第 i 层土的极限侧阻力标准值（kPa）；

q_{pk}——极限端阻力标准值（kPa）；

Q——压桩力设计值（kN）；

Q_k——高层建筑物需抬升的竖向荷载标准组合值（kN）；

R'——基础新增总抗力设计值（kN）；

R_a——单桩竖向承载力特征值（kN）；

R_t——单根桩抗拔承载力特征值（kN）；

S_k——上部结构荷载标准组合效应设计值（kN）。

3.2.4 计算系数及其他

k——安全系数；

n——桩数（根）；

n'——抬升点数量（个）；

β——桩端阻力修正系数；

β_c——混凝土强度影响系数；

β_l ——混凝土局部受压时的强度提高系数；

γ_k ——设计加固度；

$\gamma_{Rc,N}$ ——混凝土锥体破坏受拉承载力分项系数；

$\psi_{re,N}$ ——表层混凝土因密集配筋的剥离作用对受拉承载力的影响系数；

ψ_c ——基桩成桩工艺系数。

4 基本规定

4.1.1 高层建筑物抬升纠倾前，应根据《既有建筑鉴定与加固通用规范》GB 55021、《民用建筑可靠性鉴定标准》GB 50292 及《工业建筑可靠性鉴定标准》GB 50144 进行检测和鉴定。

4.1.2 对高层建筑物进行抬升纠倾设计时，应保证高层建筑物在预期的设计工作年限内满足国家标准《既有建筑鉴定与加固通用规范》GB 55021 等现行相关标准的可靠度要求。

4.1.3 高层建筑物抬升纠倾前，应进行现场调查、收集相关资料；设计前应进行检测鉴定；施工前应具备抬升纠倾设计、施工组织设计、监测及应急预案等技术文件。

4.1.4 高层建筑物进行抬升纠倾设计前的检测鉴定，应按照本文件的第 5 章和《既有建筑鉴定与加固通用规范》GB 55021 等现行相关标准的有关规定执行。对经鉴定后不满足纠倾安全要求的结构构件，应在纠倾前进行加固补强。

4.1.5 实施高层建筑物抬升纠倾工程时，荷载确定应按照国家现行标准《工程结构通用规范》GB 55001 等现行相关标准的有关规定执行，应综合考虑工程地质和水文条件、基础和上部结构类型、高层建筑物使用状态、邻近建筑、周边环境等因素，进行有关计算和验算。

4.1.6 高层建筑物抬升纠倾工程的设计和施工方案应经专家论证，由具有相应特种专业工程资质及相关经验的单位承担。

4.1.7 高层建筑物抬升纠倾工程的施工应采用现场监测系统进行施工全过程监测，实现信息化施工。同时应按本文件第8章和现行行业标准《建筑变形测量规范》JGJ 8的有关规定执行。

4.1.8 高层建筑物抬升纠倾工程竣工后，应按本文件第9章和《建筑工程施工质量验收统一标准》GB 50300等现行相关标准的有关规定进行质量检测及验收。

4.1.9 高层建筑物抬升纠倾工程，应对建筑物在施工期间及正常使用期间进行沉降观测，并符合本文件第8章相关规定。

5 检测与鉴定

5.1 一般规定

5.1.1 检测鉴定工作应按照下列步骤进行：

1 调查建筑物现状和周边环境相关信息。

2 收集建筑物岩土工程勘察报告、设计文件、施工文件、竣工资料、沉降和倾斜监测记录等资料。

3 制定检测鉴定方案。

4 开展现场检测工作，当原建筑物的工程图纸资料不全时，应对原建筑物进行测绘。

5 鉴定分析。

6 出具检测鉴定报告。

5.1.2 检测鉴定方案应明确检测鉴定的目的、范围、内容和方法。

5.1.3 检测鉴定的成果应满足抬升纠倾设计、施工、监测、验收等相关工作的要求。

5.1.4 检测鉴定应包括对地基现状评价的内容，并应判明地基实际情况是否与原岩土工程勘察报告相符，若不符时应进行补充勘察。

5.2 检测与鉴定

5.2.1 现场检测应避免对建筑结构造成破坏，检测工作不应影响结构整体稳定性和安全，不应造成建筑物倾斜加剧。

5.2.2 抬升纠倾前应对建筑物的沉降与倾斜情况、地基、基础、承重结构和围护结构进行检测，具体检测内容可根据需要按表 1 选择。

表 1 高层建筑物检测内容

<table>
<tr><th colspan="2">项目名称</th><th>检测内容</th></tr>
<tr><td colspan="2">沉降和倾斜检测</td><td>高层建筑物各观测点沉降量、最大沉降量、沉降速率、倾斜值、倾斜率等</td></tr>
<tr><td rowspan="4">地基基础和结构检测</td><td>地基</td><td>地基土的分层、分类、承载力特征值、压缩模量、密度、含水率、孔隙比、湿陷性、膨胀性、可塑性、灵敏度和触变性、液化情况、地下水位、地基处理情况、周边地下设施等资料</td></tr>
<tr><td>基础</td><td>基础的类型、尺寸、埋深、材料强度、配筋情况、裂缝损伤、桩基础承载力等</td></tr>
<tr><td>上部承重结构</td><td>结构类型、结构布置、构件尺寸、构造及连接、材料强度、钢筋配置、变形与位移、裂缝情况、钢材锈蚀、结构使用情况核查、基础顶部的竖向结构荷载等</td></tr>
<tr><td>围护结构</td><td>裂缝情况、变形和位移、构造及连接等</td></tr>
</table>

5.2.3 建筑物的沉降和倾斜检测应符合下列要求：

1 沉降观测点布置应符合现行行业标准《建筑变形测量规范》JGJ 8 的有关规定。

2 倾斜观测点布置应能全面反映建筑物主体结构的倾斜特征，宜布置在建筑物的阳角、长边中部和倾斜量较大部位的顶部和底部。

3 建筑物的整体倾斜检测结果应与根据基础沉降差值检测结果间接测算的倾斜值进行对比，以确定建筑物真实的倾斜值。

5.2.4 地基基础检测除应符合现行行业标准《建筑地基检测技术规范》JGJ 340 和《既有建筑地基基础检测技术标准》JGJ/T 422 的有关规定，尚应符合下列要求：

1 地基检测应采用触探测试查明地层的均匀性并对地层进行力学分层，在黏性土、粉土、砂土层内应采用静力触探，在碎石土层内应采用圆锥动力触探。

2 应在分析触探资料的基础上，选择有代表性的孔位和层位取土样，进行物理力学试验、标准贯入试验、十字板剪切试验等，以确定地基土的物理力学性质。

3 地基检测勘察孔距离基础边缘不宜大于 0.5 m，检测勘察孔的间距不宜大于 10 m。

4 采用桩基础时，应对桩基施工和验收资料进行核查，对资料有疑问时应补充桩基检测，桩基检测应包含桩长、桩径、单桩承载力、桩身完整性等检测内容，检测位置宜选择在具有代表性、方便操作、同时兼顾后期抬升纠倾施工的位置。

5.2.5 结构检测应符合现行国家标准《建筑结构检测技术标准》GB/T 50344 等的有关规定。

5.2.6 抬升纠倾验算时应考虑建筑物的实际沉降量和倾斜值引起的结构附加应力，并应符合下列规定：

1　计算模型应符合结构受力和构造的实际情况。

2　建筑物经实际检测，结构参数满足原设计要求时，可按原设计图纸取用；结构参数不满足原设计要求时，应按实际检测结果取用。

6　抬升纠倾设计

6.1　一般规定

6.1.1　高层建筑物抬升纠倾设计前，应进行现场踏勘和搜集相关资料等前期准备工作，掌握下列相关资料和信息：

1　场地岩土工程勘察资料：应进行重新勘察或补充勘察，并与原岩土工程勘察资料进行对比分析，如有邻近建筑边坡，还应增加地质灾害评估报告。

2　原设计和施工文件：既有建筑结构、地基基础设计资料和图纸；隐蔽工程施工记录、竣工图、地基基础施工及验收资料、竣工验收报告；气象资料、地震危险性评价资料等。当搜集的资料不完整，不能满足设计要求时，应进行补充检测。

3　高层建筑物结构、基础使用现状资料：包括沉降观测资料、裂缝、倾斜观测资料等。必要时应进行补充监测。

4　高层建筑物使用及改扩建情况。

5　对高层建筑物可能产生影响的相邻建筑物的基础类型、结构形式、质量状况和周边地下设施的分布状况、周围环境资料。

6　高层建筑物抬升纠倾要求以及与纠倾工程有关的技术标准。

6.1.2　高层建筑物抬升纠倾设计工作内容应符合下列规定：

1 全面分析建筑物倾斜原因；

2 抬升纠倾方案的选择应根据建筑物的倾斜原因、倾斜量、裂损状况、结构及基础形式、整体刚度、工程地质、环境条件和施工技术条件等，结合各方案的适用范围、工作原理、施工程序等因素综合确定；

3 对地基基础进行验算；

4 根据高层建筑物的总沉降量、沉降速率、倾斜值、倾斜率和倾斜方向，计算具体设计加固度及各抬升点的设计抬升量；

5 计算倾斜高层建筑物基础形心位置、结构重心投影位置及基础底面作用效应；

6 验算各施工工况的结构应力；

7 进行纠倾施工过程中原结构防倾覆计算；

8 进行防复倾加固相关计算；

9 确定抬升纠倾工程的监测要求及预警参数；

10 计算确定纠倾转动轴位置、顶升位置、机具数量和顶升荷载及相关参数；

11 对受影响或已破损结构构件和关键部位进行强度、稳定性和变形验算，并结合防复倾加固措施在纠倾前（后）进行相应的结构改造和加固补强。

6.1.3 高层建筑物抬升纠倾设计时，应制定全面的监测方案，提出有效的保护及防范措施以确保纠倾施工过程结构安全，并应遵循下列原则：

1 防止整体失稳、结构破坏和过量的附加沉降；

2 抬升量和回倾速率满足设计预警值；

3 有效保护相邻建筑物和地下设施；

4 实现智能监控、信息化施工和动态控制。

6.1.4 抬升纠倾后高层建筑物的工作年限应不低于既有建筑的

后续工作年限。

6.1.5 高层建筑物抬升纠倾达到设计要求后，应明确工作槽（孔）、施工破损面的回填、封堵、修复要求。

6.2 设计计算原则

6.2.1 采用锚杆静压桩、坑式静压桩及人工挖孔灌注桩等新增桩基的方式提高基础承载力进行基础加固时，单桩竖向承载力可通过单桩载荷试验确定，设计桩数应由上部结构荷载及单桩竖向承载力等因素综合计算确定。

6.2.2 建筑物地基基础加固设计计算，应符合下列规定：

1 地基及基础设计计算，应符合现行国家标准《建筑地基基础设计规范》GB 50007、《既有建筑地基基础加固技术规范》JGJ 123和《建筑地基处理技术规范》JGJ 79 的有关规定。

2 抗震验算，应符合现行国家标准《建筑抗震设计规范》GB 50011 及《建筑与市政工程抗震通用规范》GB 55002 的有关规定。

3 对于需要利用原地基、桩基的情况，原地基和桩基的承载能力应根据现场试验确定。

4 对于原基础形式为桩基，采用新增桩基进行加固的方式，应根据房屋的倾斜情况、原桩承载力、刚度、上部结构形式、荷载和地层分布以及相互作用效应，优先采用“变刚度调平设计”进行加固。

5 对于原基础形式为筏形与箱形（承台）基础，采用新增桩基进行加固的方式，在摩擦桩设计中，可根据当地经验适当考虑桩基承台下桩间土的作用。

6 当采用室内桩基抬升法和基础底部桩基抬升法时，新增桩基应满足抬升工况的荷载要求，并预留一定的安全储备。

6.2.3 建筑物地基基础加固计算应遵循新、旧基础变形协调原则。

6.2.4 地基基础设计加固度的计算应根据总沉降量、沉降速率、倾斜率、地质情况、原有桩基（基础）及地基的承载力检测结果综合确定。截断墙（柱）抬升法，可取0.2～0.8；基础顶部新增锚杆桩抬升法、基础底部新增坑式桩抬升法，可取1.0～1.5。地基基础设计加固度应按下式进行计算：

$$\gamma_k = \frac{R'}{S_k} \tag{6.2.4}$$

式中：γ_k——地基基础设计加固度；

R'——基础新增总抗力值（kN）；

S_k——上部结构荷载组合效应值（kN）。

6.2.5 抬升法纠倾设计计算应符合下列规定：

1 抬升力应根据纠倾高层建筑物上部荷载值确定。

2 抬升点应根据高层建筑物的结构形式、荷载分布以及千斤顶额定工作荷载确定，抬升点数量可按下式估算：

$$n' \geqslant k \frac{Q_k}{N_a} \tag{6.2.5-1}$$

式中：n'——抬升点数量（个）；

Q_k——高层建筑物需抬升的竖向荷载标准组合值（kN）；

N_a——抬升点的抬升荷载值（kN），取千斤顶额定工作荷载的80%；

k——安全系数，取2.0。

3 各点抬升量应按下式计算：

$$\Delta h_i = \frac{l}{L_x} S_v \tag{6.2.5-2}$$

式中：Δh_i ——计算点抬升量（mm）；

l ——转动点（轴）至计算抬升点的水平距离（m）；

L_x ——转动点（轴）至沉降最大点的水平距离（m）；

S_v ——高层建筑物纠倾设计抬升量（沉降最大点的抬升量）（mm）。

6.2.6 倾斜高层建筑物抬升法纠倾（图 1）的抬升量，应按下列公式计算：

$$S_v = \frac{(S_{H1} - S_H)b}{H_g} \tag{6.2.6-1}$$

$$S_v = S'_v \pm a \tag{6.2.6-2}$$

式中：S_v ——高层建筑物纠倾设计抬升量（mm）；

S'_v——高层建筑物纠倾直接施工到位的抬升量（mm）；

S_{H1}——高层建筑物顶部水平偏移值（mm）；

S_H ——高层建筑物纠倾顶部水平变位设计控制值（mm）；

b ——纠倾方向高层建筑物宽度（mm）；

a ——纠倾设计预留沉降值（mm）；

H_g ——自室外地面起算的建筑物高度（m）。

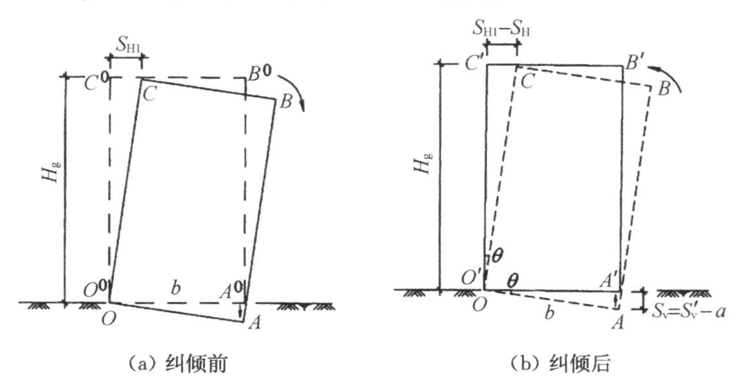

（a）纠倾前　　（b）纠倾后

图 1　倾斜建筑抬升法纠倾抬升量计算示意图

6.2.7 纠倾加固施工过程中原结构的防倾覆计算：

$$GL \geqslant Fh \tag{6.2.7}$$

式中：G ——截断面以上上部结构荷载总效应值（kN）；永久荷载、楼面（屋面）可变荷载可按现行国家标准《建筑结构荷载规范》GB 50009 的有关规定采用，可变荷载可根据建筑物的实际使用情况取其准永久值或乘以一个适当的降低系数。

L ——截断面以上上部结构重心与转动轴间的水平距离（m）。

F ——施工过程中截断面以上上部结构水平向荷载组合效应值（kN），可按荷载标准值或实际值进行组合；纠倾过程中风荷载可按十年一遇取值，也可根据当地气象资料和施工时间，考虑风荷载及风荷载取值大小。

h ——截断面以上上部结构水平向荷载组合效应设计值的等效形心与转动轴间的竖向距离（m）。

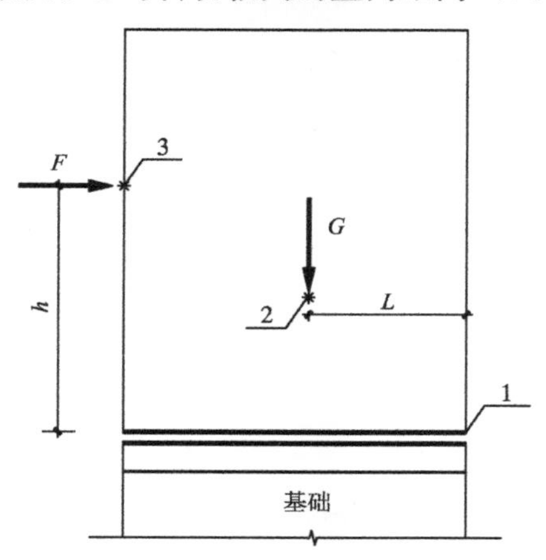

1—上部结构截断位置；2—截断面以上上部结构的重心；
3—截断面以上上部结构水平向荷载组合效应设计值的等效形心

图 2　纠倾施工过程中原结构防倾覆计算示意图

6.2.8 纠倾及防复倾加固，高层建筑物基础底面的力矩值应按下式进行计算：

$$M_{pk}=(F_{k}+G_{k}+C_{k})e'+M_{hk} \tag{6.2.8}$$

式中：M_{pk}——相应于作用的标准组合时，纠倾及防复倾加固作用于基础底面的力矩值（kN·m）；

F_{k}——相应于作用的标准组合时，原上部结构传至基础顶面的竖向力（kN）；

G_{k}——原基础自重和基础上的土重（kN）；

C_{k}——相应于作用的标准组合时，纠倾及防复倾加固增加的上部结构竖向力、增加的基础自重及增加的基础上的土重之和（kN）；

e'——纠倾及防复倾加固高层建筑物的偏心距（m）；

M_{hk}——相应于作用的标准组合时，纠倾及防复倾加固水平力作用于基础底面的力矩值（kN·m）。

6.2.9 纠倾及防复倾加固后，高层建筑物基础作用效应符合下列规定：

1 基础底面压应力应按下式计算：

1）轴心荷载作用下

$$p_{k}=\frac{F_{k}+G_{k}+C_{k}}{A} \tag{6.2.9-1}$$

2）偏心荷载作用下：

$$p_{kmax}=\frac{F_{k}+G_{k}+C_{k}}{A}+\frac{M_{pk}}{W}$$
$$p_{kmin}=\frac{F_{k}+G_{k}+C_{k}}{A}-\frac{M_{pk}}{W} \tag{6.2.9-2}$$

式中：p_{k}——相应于作用的标准组合时，纠倾及防复倾加固后基础底面处的平均压力值（kPa）；

F_k ——作用效应标准组合下，原作用于桩基承台顶面的竖向力（kN）；

G_k ——原桩基承台自重和承台上的土重（kN）；

C_k ——作用效应标准组合下，纠倾及防复倾加固后增加的上部结构竖向力、增加的桩基承台自重及增加的承台上的土重之和（kN）；

p_{kmax} ——相应于作用的标准组合时，纠倾及防复倾加固后基础底面边缘的最大压力值（kPa）；

p_{kmin} ——相应于作用的标准组合时，纠倾及防复倾加固后基础底面边缘的最小压力值（kPa）；

A ——纠倾及防复倾加固后的基础底面面积（m^2）；

W ——纠倾及防复倾加固后基础底面的抵抗矩（m^3）。

2 桩基础的桩顶作用效应满足下列要求：

1）轴心竖向力作用下

$$N_k = \frac{F_k + G_k + C_k}{n} \quad (6.2.9\text{-}3)$$

2）偏心竖向力作用应按下式计算

$$N_{ik} = \frac{F_k + G_k + C_k}{n} \pm \frac{M_{pxk} y_i}{\sum y_j^2} \pm \frac{M_{pyk} x_i}{\sum x_j^2} \quad (6.2.9\text{-}4)$$

3）水平力作用下

$$H_{ik} = \frac{H_k}{n} \quad (6.2.9\text{-}5)$$

式中：N_k ——作用效应标准组合轴心竖向力作用下，纠倾及防复倾加固后基桩或复合基桩的平均竖向力（kN）；

n ——桩数；

N_{ik} ——作用效应标准组合偏心竖向力作用下，纠倾及防复倾加固后第 i 根基桩或复合基桩的竖向力（kN）；

M_{pxk}、M_{pyk} ——作用效应标准组合下，纠倾及防复倾加固后作用于承台底面绕通过桩群形心的 x、y 轴的力矩值（kN·m）；

x_i、x_j、y_i、y_j ——纠倾及防复倾加固后，第 i、j 根基桩或复合基桩至 y、x 轴的距离（m）；

H_k ——作用效应标准组合下，纠倾及防复倾加固后作用于桩基承台底面的水平力（kN）；

H_{ik} ——作用效应标准组合下，纠倾及防复倾加固后作用于第 i 根基桩或复合基桩的水平力（kN）。

6.2.10 桩身强度验算应符合下列规定：

1 钢筋混凝土桩桩身强度应符合下列规定：

$$Q < \psi_c f_c A_{ps} + 0.9 f'_y A'_s \quad (6.2.10\text{-}1)$$

式中：Q ——压桩力设计最大值（kN）；

ψ_c ——基桩成桩工艺系数，对于混凝土预制桩、预应力混凝土空心桩取 0.85，对于干作业非挤土灌注桩取 0.90，对于泥浆护壁和套管护壁非挤土灌注桩、部分挤土灌注桩、挤土灌注桩取 0.7～0.8，对于软土地区挤土灌注桩取 0.6；

f_c ——混凝土轴心抗压强度设计值（kPa）；

A_{ps} ——桩内混凝土横截面面积（m^2）；

f'_y ——纵向主筋抗压强度设计值（kPa）；

A'_s ——纵向主筋截面面积（m^2）。

2 若场地土层存在负摩阻作用时，钢筋混凝土桩桩身强度应按下列公式验算：

$$u(\left|\sum q_{sik}\right|l_i)+\beta q_{pk}A_p<\psi_c f_c A_{ps}+0.9f'_y A'_s$$

（6.2.10-2）

式中：u——桩身周长（m）；

q_{sik}——桩侧第 i 层土的极限侧阻力标准值（kPa）；

l_i——桩周第 i 层土的厚度（m）；

β——桩端阻力修正系数，对于黏性土、粉土取 2/3，饱和砂土取 1/2；

q_{pk}——极限端阻力标准值（kPa）；

A_p——桩端截面面积（m^2）。

3 钢管桩桩身强度应符合下列规定：

$$Q\leqslant\psi_c A_a f \quad (6.2.10\text{-}3)$$

式中：Q——压桩力设计值（kN）；

A_a——钢管桩净截面面积（m^2）；

f——钢材的抗拉、抗压和抗弯强度设计值（kPa）。

4 若场地土层存在负摩阻作用时，钢管桩桩身强度应按下列公式验算：

$$u(\left|\sum q_{sik}\right|l_i)+\alpha q_{pk}A_p<\psi_c A_a f \quad (6.2.10\text{-}4)$$

6.2.11 桩身承载力验算应符合下列规定：

1 钢筋混凝土桩正截面受压承载力应符合下列规定：

1）当桩顶以下 5 倍桩径范围的桩身螺旋式箍筋间距不大于 100 mm，且符合现行行业标准《建筑桩基技术规范》JGJ 94 中灌注桩配筋要求相关规定时

$$N<\psi_c f_c A_{ps}+0.9f'_y A'_s$$

（6.2.11-1）

2）当桩身配筋不符合上述规定时

$$N < \psi_c f_c A_{ps} \tag{6.2.11-2}$$

式中：N ——荷载效应基本组合下的桩顶轴向压力设计值（kN）。

2 钢管桩（灌注混凝土）受压承载力应符合下列规定：

$$R_a \leqslant N \tag{6.2.11-3}$$

式中：N ——钢管桩的受压承载力设计值（kN）。

3 钢管桩的受压承载力设计值应按下式计算：

$$N = 0.9A_c f_c(1+\alpha\theta)（当\ \theta \leqslant [\theta]\ 时）$$

$$N = 0.9A_c f_c(1+\sqrt{\theta}+\theta)（当\ \theta > [\theta]\ 时）$$

$$\theta = \frac{A_a f}{A_c f_c} \tag{6.2.11-4}$$

式中：α ——系数，按表 2 取值；

θ ——钢管混凝土的套箍指标；

$[\theta]$ ——与混凝土强度等级有关的套箍指标界限值，按表 2 取值；

A_c ——钢管内的核心混凝土横截面面积（m^2）；

A_a ——钢管净截面面积（m^2）；

f ——钢管的抗拉、抗压强度设计值（kPa）。

表 2　系数 α 和 $[\theta]$ 的取值

混凝土等级	≤C50	C55～C80
α	2.00	1.80
$[\theta]$	1.00	1.56

4 钢筋混凝土抗拔桩的正截面受拉承载力应符合下式规定：

$$N \leqslant f_y A_s + f_{py} A_{py} \tag{6.2.11-5}$$

式中：f_y、f_{py}——普通钢筋、预应力钢筋的抗拉强度设计值（kPa）；

A_s、A_{py}——普通钢筋、预应力钢筋的截面面积（m^2）。

6.2.12 单桩竖向承载力特征值应通过单桩静载荷试验确定，初步设计时可按下式估算：

$$R_a = 0.5\left(u \sum q_{sik} l_i + \beta q_{pk} A_p\right) \tag{6.2.12}$$

6.2.13 高层建筑物纠倾设计时应对加固前原有地基基础及加固后地基基础分别进行整体验算并对比分析，验算应包含如下内容：

1 地基基础承载力验算；

2 地基变形验算；

3 建筑稳定性验算（针对经常受水平荷载作用或建造在斜坡或边坡附近的高层建筑物）；

4 抗浮验算；

5 基础筏板开孔后影响分析。

6.2.14 高层建筑物抬升纠倾施工过程中，应对抬升设备对上部结构局部受压区承载力进行计算：

1 截面尺寸应按下列公式计算：

$$F_l \leqslant 1.35 \beta_c \beta_l f_c A_{ln} \tag{6.2.14-1}$$

$$\beta_l = \sqrt{\frac{A_b}{A_l}} \tag{6.2.14-2}$$

式中：F_l——局部受压面上作用的局部荷载或局部压力设计值（kN）。

β_c——混凝土强度影响系数，当混凝土强度等级不超过

C50 时，β_c 取 1.0；当混凝土等级为 C80 时，β_c 取 0.8；其间进行线性内插法确定。

β_l ——混凝土局部受压时的强度提高系数。

A_l ——混凝土局部受压面积（m^2）。

A_{ln} ——混凝土局部受压净面积（m^2）。

A_b ——局部受压的计算底面积（m^2）。

2 局部受压计算底面积 A_b，可由局部受压面积与计算底面积按同心、对称的原则确定。常用情况可按图 3 进行取用。

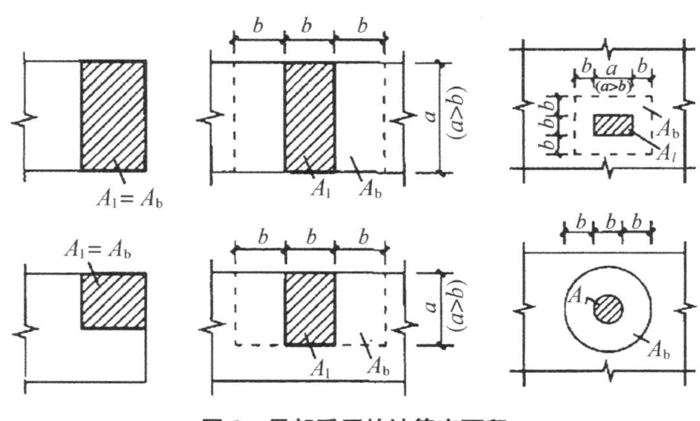

图 3 局部受压的计算底面积

6.2.15 采用锚杆静压桩法筏板开洞后应验算以下内容：

1 开洞后筏板的配筋、裂缝、变形验算；

2 开洞后墙（柱）对筏板的冲切验算；

3 当采用室内桩基抬升法时，应计算抬升工况下，开洞对筏板的影响。

6.3 抬升纠倾设计

6.3.1 截柱（墙）抬升纠倾设计应符合下列规定：

1 应对建筑物基础的强度和刚度进行验算，当不满足截断、恢复后和抬升要求时，应对基础进行加固补强。

2 当基础上部竖向结构荷载实测值与原设计计算值不符时，应有相应的设计方案使其恢复至原设计值。

3 建筑物上部构件截断应分批次进行，相邻构件不宜同时截断。

4 应复核计算截断构件对整体结构的影响。

5 明确结构抬升后，截断部位的加固恢复要求。

6 应进行施工期间高层建筑物地震荷载及风荷载作用下稳定性的验算；

7 建筑物上部结构截断点不应设置在同一标高处，详见图 4 所示。

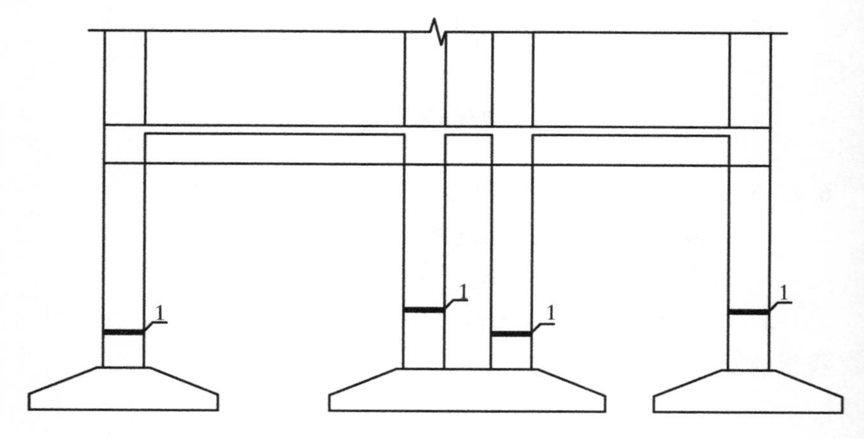

1—上部结构截断位置

图 4 高层建筑物上部结构截断点位置示意图

8 在高层建筑物的适当位置应进行限位措施的设计，详见图 5 所示。

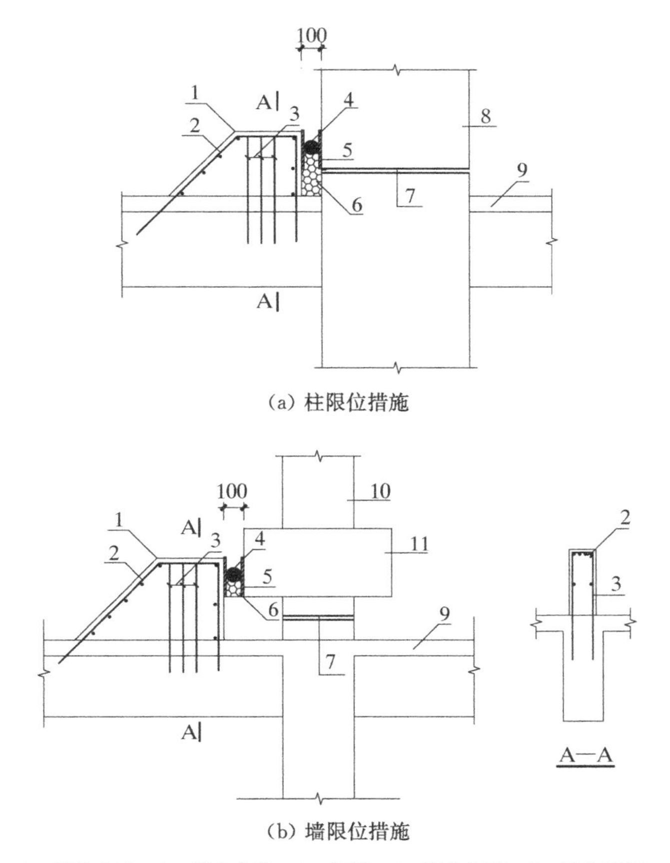

1—限位支座；2—受力主筋；3—箍筋；4—限位钢球；5—限位钢板；6—硬泡沫板填充；7—抬升截断面；8—剪力墙；9—楼面梁板；10—柱；11—抬升承台

图 5　限位措施示意图

1）房屋整体抬升时应在水平向设置结构限位装置，限位结构可采用钢牛腿、格构支架、悬臂桁架、斜撑支架、混凝土挡块等。

2）限位装置荷载设计值可根据结构横向失稳破坏的临界值确定，应根据千斤顶与支点的摩阻、最大转角、结构重量及可能位移进行取值。

9 应对截断结构构件进行恢复设计，满足承载力及抗震要求，并在采取有效的加强连接措施。

10 抬升纠倾设计时应结合设计方案重点明确监测要求，监测内容应包括结构水平位移且应符合本文件第 8 章的相应规定。

6.3.2 筏形与箱形基础（承台）的高层建筑物锚杆静压桩抬升纠倾设计应符合下列规定：

1 锚杆静压桩抬升纠倾法适用于淤泥、淤泥质土、粉土、粉砂、细砂、黏性土、填土、湿陷性黄土、岩层等地基。

2 应对高层建筑物基础的强度和刚度进行验算，当不满足压桩和抬升要求时，应对基础进行加固补强。

3 应确定桩端持力层的位置，计算单桩竖向承载力特征值。锚杆桩数量及压桩力应按下式进行计算：

$$S_k = F_k + G_k \tag{6.3.2-1}$$

$$Q = 2R_a \tag{6.3.2-2}$$

$$nR_a \geqslant \sum_{i=1}^{m} S_{ki} \tag{6.3.2-3}$$

式中：S_k ——作用效应标准组合下，上部结构竖向力、增加的桩基承台自重及增加的承台上的土重之和（kN）。

4 抬升力值不应大于新增锚杆静压桩承载力特征值的 1.5 倍。

5 桩位分布宜按如下原则：

1）在满足施工空间要求的前提下，新增锚杆静压桩尽量靠近剪力墙布置，以更好地分担剪力墙传来的荷载，并最大程度地减小新增桩对底板的附加内力作用；

2）新增锚杆静压桩整体对称均匀布置，使群桩的合力中心与房屋荷载重心重合，当不能重合时，可参照《高层建筑筏形与箱形基础技术规范》JGJ 6—2011 第 5.1.3 条控制；

3）建筑沉降较大处适当多布锚杆静压桩以调节沉降差；

4）建筑关键部位（电梯井等受力较大部位）适当多布；

5）应确定桩节尺寸、桩身材料和强度、桩节构造和桩节间连接方式；

6）应设计锚杆直径和锚固长度、反力架和千斤顶等，锚杆锚固长度应大于 20 倍锚杆直径，并不应小于 300 mm；

7）应确定压桩孔位置和尺寸，压桩孔孔口每边应比桩截面边长 d 大 50～100 mm，桩顶嵌入高层建筑物基础（承台）内长度应不小于 50 mm；

8）封桩应采取持荷封桩的方式，预加封桩压力一般宜采用新增锚杆静压桩承载力特征值。设计封桩持荷转换装置，明确封桩要求，锚杆桩与基础钢筋应焊接或加钢板锚固连接，封桩混凝土应采用微膨胀混凝土，强度比原混凝土提高一个等级，且不应低于 C30；

9）抬升纠倾设计时应结合设计方案重点明确监测要求，监测内容应包括各抬升点竖向位移及结构应力状态，且应符合本文件第 8 章的相应规定。

6.3.3 基础底部桩基抬升纠倾设计应符合下列规定：

1 基础底部桩基抬升法适用于黏性土、粉质黏土、湿陷性黄土和人工填土等地基，且地下水位较低。

2 应对高层建筑物基础的强度和刚度进行验算，当不满足压桩和抬升要求时，应对基础进行补强。

3 新增桩基应确定桩端持力层的位置，计算单桩竖向承载力。压桩力应按式（6.3.2-2）进行计算。

4 应确定桩截面尺寸和桩长、桩节构造和桩节间连接方式、千斤顶规格型号；新增桩基的长径比不宜大于 100。

5 桩位宜布置在纵横墙基础交接处、承重墙基础的中间、独立基础的中心或四角等部位，不宜布置在门窗洞口等薄弱部位。

6 根据桩的位置确定工作坑的平面尺寸、深度和坡度，明确开挖顺序并应计算工作坑边坡稳定。

7 明确基础抬升后间隙填充要求，明确工作坑的回填材料及回填要求。

8 对于桩基础的高层建筑物，应对原桩基础单桩承载力进行检测，并做好截桩施工前的荷载转换装置的设计。

9 新增桩基础应设计持荷封桩装置。

10 原有桩基截断处应进行加大截面补强设计。

11 抬升纠倾设计时应结合设计方案重点明确监测要求，监测内容应包括各抬升点竖向位移及结构应力状态，且应符合本文件第 8 章的相应规定。

6.3.4 抬升纠倾时位移控制精度应按照以下要求：

1 多点抬升控制系统应优先选用由液压系统（含检测传感器）、计算机自动控制系统组成的 PLC 控制液压系统；

2 抬升千斤顶应优先选用带自锁功能的液压千斤顶，根据需要可配置位移传感器和压力传感器，对抬升力和位移进行双控；

3 控制系统精度应高于设计允许值，千斤顶的同步差应小于 1.0 mm；

4 抬升过程中相邻柱（墙）允许位移差，应根据结构整体刚度计算确定。

6.4 防复倾设计

6.4.1 防复倾设计应综合考虑高层建筑物倾斜原因并结合所采

用的纠倾方法进行设计。

6.4.2 防复倾设计方法主要包括地基加固法、基础加固法、基础托换法、结构调整法和组合加固法等。

6.4.3 高层建筑物防复倾设计应在分析倾斜原因的基础上，按高层建筑物地基基础设计等级和场地复杂程度、上部结构现状、纠倾目标值、纠倾方法、施工难易程度、技术经济分析等，确定最佳的设计方案。

6.4.4 防复倾设计应符合下列规定：

1 应根据工程地质与水文地质条件、上部结构刚度和基础形式，选择合理的抗复倾结构体系，抗复倾力矩与倾覆力矩的比值宜为1.1～1.3；

2 基底合力的作用点宜与基础底面形心重合；

3 应验算地基基础的承载力与沉降变形，当不满足要求时，应对地基基础进行加固。

6.4.5 高层建筑物需设置抗拔桩时，应符合下列规定：

1 单根抗拔桩所承受的拔力应按下式验算：

$$N'_{ik}=\frac{F_{k}+G_{k}}{n}-\frac{M_{pxk}y_{i}}{\sum y_{i}^{2}}-\frac{M_{pyk}x_{i}}{\sum x_{i}^{2}} \qquad (6.4.5\text{-}1)$$

式中：N'_{ik}——第 i 根桩所承受的拔力（kN）。

2 抗拔锚桩的布置和桩基抗拔承载力特征值应按现行行业标准《建筑桩基技术规范》JGJ 94 的相关规定确定，并应按下式验算：

$$N'_{ikmax}\leqslant kR_{t} \qquad (6.4.5\text{-}2)$$

式中：N'_{ikmax}——单根桩承受的最大拔力（kN）。

R_{t}——单根桩抗拔承载力特征值（kN）。

k ——系数，对于荷载标准组合，$k=1.1$；对于地震作用和荷载标准组合，$k=1.3$。

3 当基础不满足抗拔桩抗拉要求时，应对基础进行加固；抗拔桩与原基础应可靠连接。

7 抬升纠倾施工

7.1 一般规定

7.1.1 施工应由具有相应特种专业资质的单位和专业人员承担，技术方案应经专家论证。

7.1.2 施工安全技术要求应符合现行国家标准《建筑施工安全技术统一规范》GB 50870 的有关规定，并应制定安全风险应急预案。

7.1.3 施工宜采用信息化施工，进行施工监测和全过程质量控制。

7.1.4 施工中采用的水泥、砂、石、水、外加剂和钢材等原材料的品种和强度等级应符合现行国家标准《混凝土结构加固设计规范》GB 50367 及设计的有关规定。

7.1.5 加固材料、设备进场应符合现行相关标准要求。

7.1.6 施工采用的测量器具，应按国家计量部门的有关规定进行检定、校准，合格后方可使用。

7.2 抬升纠倾施工原则

7.2.1 确定地基基础纠倾施工方案时，应分析评价施工工艺和施工方法对既有建筑附加变形的影响。

7.2.2 对既有建筑地基基础加固施工应保证新、旧基础可靠连接。

7.2.3 当选用钢管桩等进行既有建筑地基基础加固时，应采取有效的防腐或增加钢管腐蚀量壁厚的技术保护措施。

7.2.4 地基基础加固施工应按现行行业标准《既有建筑地基基础加固技术规范》JGJ 123 和《建筑地基处理技术规范》JGJ 79 的有关规定执行。

7.2.5 纠倾施工时，应保证上部抬升结构具有一定的刚度、整体性和抵御局部变形的能力。

7.3 抬升纠倾施工

7.3.1 施工前应进行现场调查，并应具备下列资料：

1 原竣工图纸及纠倾设计施工图；

2 专项施工方案、应急预案及专家评审意见；

3 工程使用资料，包括使用期间维护记录、受灾情况及处置措施、修缮、改造和用途变更、使用条件改变等资料；

4 工程现状资料，包括建筑物检测鉴定报告、周边地下设施和管线的分布状况等资料；

5 其他相关资料。

7.3.2 施工前应进行纠倾施工图纸的技术交底。

7.3.3 施工前应做如下准备工作：

1 布设监测点，每柱或每抬升处不应少于一个监测点；

2 查明建筑物既有地基基础的工作状态，并对抬升结构的整体质量进行确认；

3 监测建筑沉降变化情况，做好纠倾前的地基基础加固；

4 根据建筑实际荷载计算出各抬升点的顶升荷载，选择合适的抬升设备；

5 对抬升点进行编号并作标记，计算并复核每个抬升点的总抬升量和各级抬升量；

6 使用严格标定过的抬升机械设备，安装并检验抬升装置的工作性能；

7 对抬升的技术人员和工人进行质量安全技术交底，并在现场进行抬升演练。

7.3.4 抬升系统的安装调试应符合下列要求：

1 千斤顶的规格、型号、额定吨位、位移行程应统一。

2 宜采用可编程液压控制系统，顶升前进行设备调试。

3 千斤顶、油管、位移传感器及各类阀件安装应符合现场安装布置图；千斤顶位置应按设计要求布置。

4 顶升过程中千斤顶不宜承受水平力，若无法避免，应采取措施，减小水平力的影响。

5 千斤顶严禁超载、超行程使用，千斤顶顶升位移量宜控制在其公称位移量的80%以内，千斤顶顶升荷载宜控制在其额定压力的80%以内，千斤顶压力误差应小于3%。

6 传感器及千斤顶等应安装牢固、正确且没有遗漏，发现异常情况及时调整。

7.3.5 纠倾施工应符合下列规定：

1 当托换结构的混凝土达到设计强度，抬升及监测设备安装调试完成后方可开始截断墙或柱。

2 框架结构建筑的抬升梁、抱柱承台施工，宜按柱间隔进行，并应设置必要的辅助措施（如支撑等）。当在原柱中钻孔植筋时，应分批（次）进行，每批（次）钻孔削弱后的柱净截面，应满足柱承载力计算要求。

3 抬升的千斤顶上、下应设置应力扩散的钢垫块，抬升过程应均匀分布。

4 抬升前，应对抬升点进行承载力试验。试验荷载应为设计荷载的 1.5 倍，试验应全数检测，试验合格后，方可正式抬升。

5 抬升时，应进行沉降及倾斜观测，抬升标尺应设置在每个支承点上。各点抬升量的偏差，应小于结构的允许变形。

6 抬升应设统一的监测系统，并应保证千斤顶按设计要求同步抬升。

7 千斤顶回程时，相邻千斤顶不得同时进行；回程前，采用备用千斤顶支顶进行保护，并保证千斤顶底座平稳。千斤顶底座垫块应采用外包钢板的混凝土垫块或钢垫块。垫块使用前，应进行强度检验。

8 抬升达到设计高度后，应立即在墙体交叉点或主要受力部位增设垫块支承，并迅速进行结构连接。抬升高度较大时，应设置安全保护措施。千斤顶应待结构连接达到设计强度后，方可分批分期拆除。

9 结构连接处的混凝土强度应不低于原结构的强度，施工受到削弱时，应进行结构加固补强。

10 抬升施工应实施抬升力和位移“双控”原则。

11 抬升前应根据设计抬升量对抬升点进行分级、分批，并确定抬升顺序。

7.3.6 抬升纠倾施工应分级进行，单级最大抬升量不应大于 1 mm，每级抬升后应有一定间隔时间，每抬升 10 mm 为一阶段，每阶段应对整体抬升量进行复核。当顶部回倾量与本阶段抬升量协调后方可进行下一阶段抬升。

7.3.7 施工应按专项施工方案和应急预案进行；每道工序完成后，应进行检查验收，检查验收合格后方可进行下道工序施工。

7.3.8 截柱（墙）抬升纠倾施工应符合下列要求：

1 施工前应完成地基基础加固工作，并确保建筑物沉降速率满足国家及行业现行相关规范的稳定标准要求。

2 除应执行本文件第7.3.3条规定外，施工前还应完成下列准备工作：

1）对截柱（墙）的具体位置进行放线确认，标注上下托盘的具体位置；

2）检查截柱（墙）构件的强度，确保施工托盘完成后与原倾斜建筑物连接可靠。

3 施工时应符合下列规定：

1）截断施工时，应进行预顶升，监测确保托换结构的安全性；

2）托换结构内纵筋应采用机械连接或焊接，接头位置避开抬升点；

3）剪力墙结构托梁施工应连续进行，在混凝土强度达到设计强度的100%以后方可进行纠倾施工；

4）框架柱截断时相邻柱不应同时断开，必要时应采取临时加固措施；

5）对于千斤顶外置抬升应设置副支撑，竖向荷载转换到千斤顶及副支撑后方可进行竖向承重结构的截断施工；对于剪力墙结构千斤顶内置抬升，竖向荷载被托换后方可进行竖向承重结构的截断施工；

6）应避免结构局部拆除或截断时对保留结构产生较大的扰动和损伤；

7）抬升过程中钢垫板作为副支撑应做到随抬随垫，各层垫块位置应准确，上下垫块间应进行焊接；

8）抬升纠倾完成后恢复结构连接完成并达到设计强度后方可

拆除千斤顶及副支撑；

9）抬升施工除符合本文件的规定外，还应按《建筑物倾斜纠偏技术规程》JGJ 270 和《既有建筑地基基础加固技术规范》JGJ 123 等现行行业标准执行。

7.3.9 建筑物筏形与箱形基础（承台）的室内锚杆静压桩抬升纠倾施工应符合下列要求：

1 除应执行本文件第 7.3.3 条规定外，锚杆静压桩施工前还应做好下列准备工作：

1）清理压桩孔和锚杆孔施工工作面。

2）制作锚杆螺栓和桩节。

3）开凿压桩孔，孔壁凿毛；将原基础钢筋割断后弯起，待压桩后再焊接。

4）开凿锚杆孔，应确保锚杆孔内清洁干燥后再埋设锚杆。

2 施工时应符合下列规定：

1）压桩架应保持竖直，锚固螺栓的螺母或锚具应均衡紧固，压桩过程中，应随时拧紧松动的螺母。

2）反力架应与原结构可靠连接，锚杆应做抗拔力试验。

3）基础中压桩孔开孔宜采用振动较小的方法，并保证开孔位置、尺寸准确。

4）桩位平面偏差不应大于 20 mm，单节桩垂直度偏差不应大于 1%，钢管桩平整度允许偏差应为±2 mm，接桩处的坡口应为 45°，焊缝应饱满、无气孔、无杂质，焊缝高度应为 $h=t+1$（mm，t 为壁厚），桩节之间应可靠连接。

5）处于边坡上的高层建筑物，应避免因压桩挤土效应引起高层建筑物产生水平位移。

6）压桩应分批进行，相邻桩不应同时施工；当桩压至设计持力层且设计压桩力并持荷不少于 5 min 后方可停止压桩。

7）在抬升范围的各桩均达到控制压桩力且试抬升合格后方可进行抬升施工。

8）抬升应分级进行，单级最大抬升量不应大于 1 mm，每级抬升后应有一定间隔时间，每抬升 10 mm 为一阶段，每阶段应对整体抬升量进行复核。当顶部回倾量与本阶段抬升量协调后方可进行下一阶段抬升。

9）抬升量的监测应每柱或每抬升处不少于一点。

10）基础与地基土的间隙应填充密实，强度应达到设计要求。

11）持荷封桩应采用荷载转换或预应力锁桩装置，荷载完全转换后方可拆除抬升装置及其他多余的结构。

12）桩基施工除符合本文件的规定外，尚应按现行行业标准《既有建筑地基基础加固技术规范》JGJ 123 执行。

7.3.10 建筑物基础底部桩基抬升纠倾施工应符合下列规定：

1 施工前，应计算各千斤顶的抬升量，并采取可靠措施确保各抬升点的变形协调。

2 施工时应避免恶劣天气和地基土振动，工作坑应隔位开挖，严禁超挖，开挖后应及时压桩支顶。

3 压桩桩位偏差不应大于 20 mm，各桩段间应焊接连接。

4 压桩施工应保证桩的垂直度，单节桩垂直度偏差不应大于 1%；当桩压至设计持力层和设计压桩力并持荷不少于 5 min 后方可停止压桩。

5 当新增桩基压力值达到设计要求后，再截断原有桩进行抬升施工。

6 在抬升范围内的各桩均达到最终压桩力后进行一次试抬升，试抬升合格后方可进行抬升施工。

7 分级顶升过程中撤除抬升千斤顶应控制基础下沉量和桩顶回弹，千斤顶承受的荷载通过转换装置完全转换后方可拆除千斤顶。

8 基础与地基之间的抬升缝隙应填充密实，强度应达到设计要求。

9 桩基施工除符合本文件的规定外，尚应按现行行业标准《既有建筑地基基础加固技术规范》JGJ 123 执行。

7.3.11 纠倾施工过程应有下列安全保证措施：

1 应对原高层建筑物裂损情况进行标识确认，并应在纠倾施工过程中进行裂缝监测；

2 应对可能产生影响的相邻高层建筑物、地下设施等采取保护措施；

3 应分析比较高层建筑物的纠倾抬升量与回倾量的协调性；

4 应同步实施防止高层建筑物产生突沉的措施；

5 应根据监测数据、相关设计参数及要求，及时调整施工顺序和施工方法；

6 应根据设计的回倾速率设置预警值，达到预警值时，应立即停止施工，并采取控制措施；

7 对施工人员健康、周边环境有影响的粉尘、噪声、有害气体应采取有效的防护措施。

7.3.12 纠倾加固施工过程中，监测数据出现以下情况之一时，即界定为异常情况：

1 拟纠倾房屋任一沉降观测点线性偏离 0.5‰；

2 原有裂缝有扩张现象；

3 纠倾过程中，房屋主体结构产生新的裂缝；

4 房屋回倾量同抬升量不吻合；

5 应变监测数据发生突变，或超过设计值的 20%；

6 建筑整体水平位移超过设计要求。

7.4 防复倾施工

7.4.1 防复倾施工应按照设计进行，在保证基础沉降安全可控时方可进行抬升纠倾施工。当高层建筑物沉降未稳定时，对沉降较大一侧，应先进行控沉加固施工；对沉降较小一侧，可在纠倾完成后进行控沉加固施工。

7.4.2 防复倾施工应采取必要的技术措施，减少对地基基础的扰动，减小地基附加沉降。

7.4.3 当采用锚杆静压桩进行防复倾施工时，应制定合理的压桩施工路线。沉降较大侧应先行施工，采用跳隔方式逐个沉压、持荷封桩，并控制压桩速率，减小附加沉降。沉降小的一侧可采用非持荷封桩。

7.4.4 对于深厚大面积填土、饱和粉砂和粉土、淤泥质土或地下水位较高的地基，防复倾施工时应严格控制施工振动影响。

7.4.5 防复倾施工除符合本文件的规定外，尚应按现行行业标准《既有建筑地基基础加固技术规范》JGJ 123 执行。

8 抬升纠倾施工监测

8.1 一般规定

8.1.1 高层建筑物抬升纠倾施工监测包括施工期间的现场监测和纠倾施工完成后的长期监测。

8.1.2 施工前，应制定抬升纠倾监测方案，完成监测点布设，并应对监测点采取保护措施，进行监测系统调试，确保其工作正常。

8.1.3 施工期间应由施工单位进行现场监测，施工过程中及施工完成后的长期监测可由建设方或建设方委托的第三方负责。

8.1.4 监测方案主要内容应包括：监测目的、监测内容、监测点布置、测量仪器及测量方法、监测周期、监测项目的预警值、监测结果处理要求和反馈制度等。

8.1.5 同一监测项目宜采用两种监测方法，通过对照检查监测数据的方式确保监测精度。

8.1.6 监测设备应能满足观测精度和量程要求，且应检定合格，并在检定有效期内使用。

8.1.7 施工期间的现场监测应包括下列内容：

1 纠倾建筑物的沉降、倾斜、水平位移、裂缝和主要受力构件的应变；

2 地面的沉降、隆起和裂缝；

3 相邻建筑物的沉降、倾斜和裂缝；

4 地下设施与管线的变形。

8.1.8 纠倾施工完成后的长期监测应包括纠倾建筑物的沉降、倾斜、水平位移、裂缝和应变的发展变化情况。

8.1.9 施工期间的现场监测应符合下列规定：

1 由施工单位安排专人负责监测、记录；

2 施工前应完成初次监测记录；

3 应按监测方案进行，并根据抬升施工进展情况及时调整；

4 施工过程中每天监测不应少于两次，每级次纠倾施工监测不应少于一次；

5 当监测数据达到预警值或监测数据异常时，应立即报告，加大监测频率，并及时采取有效措施，保证纠倾施工安全；

6 每次监测工作结束后，应提供监测记录，监测记录应符合本文件附录B的规定。

8.1.10 纠倾施工完成后的长期监测应符合下列规定：

1 一般建筑物纠倾施工后继续监测时间不应少于6个月；

2 重要建筑物、软弱地基上的建筑物纠倾施工后继续监测的时间不应少于1年；

3 建筑物监测最后100 d的最大沉降速率应不大于0.01 mm/d～0.04 mm/d时可结束长期监测；

4 每次监测工作结束后，应提供监测记录，监测记录应符合本文件附录B的规定。

8.1.11 施工期间现场监测的重点项目应包括以下内容：

1 采用截柱（墙）抬升法时应对截断位置竖向位移、应力和裂缝进行重点监测；

2 采用室内桩基抬升法时应对抬升位置竖向位移、新增桩应力、上部结构应力和裂缝等进行重点监测；

3 采用基础底部桩基抬升法时应对抬升位置竖向位移、新增桩应力、上部结构应力和裂缝、既有桩基应力等进行重点监测。

8.1.12 施工完成后，应提供施工期间的监测报告，长期监测结束后应提供最终的监测报告。

8.1.13 监测报告内容应包括：高程基准点布置图，沉降、倾斜、水平位移、裂缝和应变监测点分布图，沉降、倾斜、水平位移、裂缝和应变监测成果表，时间与沉降量、倾斜率、水平位移、应变的关系曲线图，沉降、倾斜、水平位移、裂缝和应变监测成果分析与评价结果。

8.1.14 抬升纠倾施工监测除应符合本文件外，尚应符合现行国家标准《工程测量通用规范》GB 55018、行业标准《建筑变形测量规范》JGJ 8和《建筑工程施工过程结构分析与监测技术规范》JGJ/T 302的有关规定。

8.1.15 施工监测应进行实时监测，宜采用计算机自动控制的信息化、自动化动态监测系统。

8.2 沉降监测

8.2.1 沉降监测应设置高程基准点，高程基准点应设置在建筑物沉降和抬升纠倾施工所产生的影响范围以外；高程基准点应稳定、牢固、长久保存。

8.2.2 沉降监测点应设置在能够反映建筑物变形特征和变形明显的部位、主要受力部位，并能够反映地基变形特点及结构特点；监测点应通视良好，便于观测；标志应稳固、明显。

8.2.3 纠倾沉降监测等级不应低于二级沉降观测，沉降观测点的布置沿建筑物纵向每边不宜少于4个，横向每边不宜少于3个，对于框架结构，宜在每根框架柱均增设监测点。

8.2.4 沉降值的测定及沉降差、沉降速率的计算应按照现行行业标准《建筑变形测量规范》JGJ 8的有关规定执行。

8.2.5 当沉降监测最后100 d的最大沉降速率小于0.01 mm/d～0.04 mm/d时，可认为建筑物沉降已经达到稳定，可终止沉降监测。

8.3 倾斜监测

8.3.1 倾斜监测点应在对应监测站点的位置沿建筑物竖向布置，对建筑物整体倾斜按建筑物顶部、底部布设，对分层倾斜按分层部位、建筑物底部上下对应布设，监测点埋设标志应明显、牢固。

8.3.2 倾斜监测点宜布置在建筑物的外部阳角和倾斜量较大的部位。

8.3.3 建筑物的倾斜监测应测定建筑物顶部监测点相对于底部

基准点或上部不同高度的监测点相对于下部基准点的水平变化值，并根据建筑物的相应高度计算建筑物的倾斜率。

8.3.4 倾斜监测方法应根据建筑物特点、倾斜情况和监测场地条件等选择确定。

8.3.5 倾斜率及回倾速率的计算应按照现行行业标准《建筑变形测量规范》JGJ 8 的有关规定执行。

8.3.6 倾斜监测报告内容应包括倾斜监测点位布置图、倾斜监测成果表，倾斜监测成果分析与评价。

8.4 水平位移监测

8.4.1 水平位移监测分为横向水平位移监测、纵向水平位移监测和特定方向水平位移监测。横向水平位移监测和纵向水平位移监测可通过坐标测量获得，特定方向水平位移监测可直接测量。

8.4.2 水平位移监测应设置定位基准点，定位基准点应设置在建筑物沉降和抬升纠倾施工所产生的影响范围以外；定位基准点应稳定、牢固、长久保存。

8.4.3 水平位移监测点应选在建筑物的阳角及其他重要位置，标志可采用墙上标志，具体形式及其埋设应根据现场条件和观测要求确定；监测点应通视良好，便于观测；标志应稳固、明显。

8.4.4 水平位移监测应根据现场作业条件，采用全站仪测量、激光测量或近景摄影测量等方法进行。

8.4.5 水平位移的测定及成果整理应按照现行行业标准《建筑变形测量规范》JGJ 8 的有关规定执行。

8.4.6 高层建筑物纠倾工程施工过程中，当建筑物累计发生的水平位移大于 5 mm 时，必须停止纠倾施工。查明具体原因，并采取相应措施后，方可继续进行纠倾施工。

8.5 裂缝监测

8.5.1 抬升纠倾工程施工前，应对建筑物的原有裂缝进行检测，并做好记录，绘制裂缝位置分布图。

8.5.2 裂缝监测应测定建筑物上裂缝分布位置和裂缝的走向、长度、宽度及其变化情况。

8.5.3 裂缝监测应在裂缝处设置监测标志，以监测裂缝的发展情况，裂缝监测标志应具有可供量测的明晰端面或中心。

8.5.4 裂缝观测中，每次观测应绘出裂缝的位置、形态和尺寸，注明日期，并拍摄裂缝照片。

8.5.5 抬升纠倾工程施工过程中，当监测发现原有裂缝发生变化或出现新裂缝时，应停止纠倾施工，分析裂缝产生的原因，评估对结构安全性的影响。

8.5.6 裂缝监测报告内容应包括裂缝位置分布图、裂缝监测成果表、时间一裂缝变化曲线。

8.6 应变监测

8.6.1 通过应变值推定监测点应力值时，宜对检测对象材料的弹性模量进行测量。

8.6.2 应变监测点应合理布设，宜与变形监测点统筹布置。应变监测点应布置在主要受力部位，并能够反映抬升纠倾过程中结构内力变化的位置。监测点应稳固、明显，不易被破坏，测点布置完成后应对传感器、监测设备、导线和电缆等采取适当的方式进行保护，发现问题应立即处理。

8.6.3 在温度变化较大的环境中进行应变监测时，应优先选用具有温度补偿措施或温度敏感性低的应变设备，或采取有效措施消除温差引起的应变影响。

8.6.4 传感器和监测设备安装前，应编制安装方案。内容宜包括埋设时间节点、埋设方法、电缆连接和走向、保护要求、仪器检验、测读方法等。

8.6.5 自动采集检测系统应定期检查和保养，保证系统正常工作。

8.6.6 纠倾抬升过程中，理论应变值与实测应变值之间产生较大差异时，应立即分析原因，采取处理措施。

9 抬升纠倾工程验收

9.1.1 工程质量验收的程序和组织应符合现行国家标准《建筑工程施工质量验收统一标准》GB 50300、《建筑结构加固工程施工质量验收规范》GB 50550、《建筑地基基础工程施工质量验收标准》GB 50202、《混凝土结构工程施工质量验收规范》GB 50204和《建筑物移位纠倾增层与改造技术标准》T/CECS 225的有关规定。

9.1.2 施工完成后，可根据沉降量与时间的关系曲线判定是否达到稳定状态。高层建筑物纠倾加固工程竣工时沉降曲线应呈收敛趋势，且验收前近30 d监测的各监测点的沉降速率平均值不大于0.06 mm/d，较大的沉降速率不大于0.08 mm/d且不多于2处。

9.1.3 抬升纠倾合格标准的指标应符合下列规定：

1 抬升纠倾的设计和施工验收合格标准应符合表3的要求；

2 对抬升纠倾合格标准有特殊要求的高层建筑物尚应符合

相关特殊的规定。

表3 抬升纠倾设计和施工验收合格标准

建筑类型	建筑高度（m）	纠倾合格标准
高层建筑物	$24<H_g\leqslant 60$ $60<H_g\leqslant 100$	$S_H\leqslant 0.003H_g$ $S_H\leqslant 0.0025H_g$

注：1. S_H 为高层建筑物顶部水平变位纠倾设计控制值，亦即建筑物残留倾斜控制值；
2. H_g 为自室外地坪算起的高层建筑物高度（m）；
3. 对建成时间较长，上部结构已出现裂缝或变形、较大回倾量对上部结构产生不利影响时，纠倾合格标准可在本表规定的基础上增加 $0.001H_g$；
4. 建筑物倾斜值应按其结构角点棱线单向最大水平偏移值或者中轴线水平偏移值 S_H 确定。

9.1.4 工程质量验收的主控项目应包括：高层建筑物纠倾后的倾斜率、沉降量、沉降速率及高层建筑物主体结构的完整性。所有主控项目均应符合设计要求，高层建筑物纠倾工程质量验收方能合格。

9.1.5 工程质量验收的一般项目、一般项目验收合格标准和一般项目检验方法可按现行有关标准执行。

9.1.6 工程地基基础安全性鉴定等级至少应满足《民用建筑可靠性鉴定标准》GB 50292 中 B_{su} 级的要求后，方可验收。

9.1.7 工程合格验收应符合下列规定：

1 质量控制资料应完整、齐全；

2 安全及功能检验和抽样检测结果应符合相关要求。

9.1.8 工程验收应提交下列文件和记录：

1 竣工验收申请和竣工验收报告；

2 检测鉴定报告；

3 工程岩土工程勘察报告；

4 设计文件、图纸会审记录和设计变更文件、竣工图；

5 施工方案、施工记录、施工质量控制资料；

6 监测报告；

7 其他相关文件和记录。

9.1.9 工程竣工验收记录表应符合本文件附录C的规定。

附录 A
高层建筑物倾斜原因调查、分析与鉴定报告

一、高层建筑物概况

高层建筑物结构形式、基础形式、建筑高度、建筑面积

二、相关资料核查

1 设计资料核查

2 施工资料核查

3 验收资料核查

4 其他相关资料核查

三、建筑变形检测

1 高层建筑物倾斜现状检测

1.1 高层建筑物倾斜测量数据与示意图

1.2 高层建筑物倾斜特征分析

2 高层建筑物不均匀沉降现状检测

2.1 高层建筑物不均匀沉降数据与示意图

2.2 高层建筑物不均匀沉降特征分析

四、高层建筑物基础和场地检查检测

1 高层建筑物基础现状检查检测

1.1 建筑基础裂缝、损伤情况检查

1.2 建筑基础尺寸、材料强度、钢筋配置等检测

2　建筑周围环境调查

2.1　建筑场地周围高差情况调查

2.2　建筑场地周围施工情况调查

2.3　建筑场地周围堆土情况调查

2.4　建筑场地周围地下水情况调查

五、高层建筑物结构安全性检测

1　结构构件分布情况检查

2　结构构件尺寸、材料强度、钢筋配置检测

3　高层建筑物裂缝、损伤调查与特征分析

4　建筑改扩建情况调查

4.1　高层建筑物改建情况调查

4.1.1　高层建筑物结构及围护结构改动调查

4.1.2　高层建筑物使用功能改变调查

4.2　高层建筑物扩建情况调查

4.2.1　高层建筑物扩建位置调查

4.2.2　高层建筑物扩建内容调查

六、高层建筑物工程地质分析

1　高层建筑物场地土层特征分析

1.1　土层均匀性分析

1.2　土层压缩性分析

1.3　土层厚度分析

1.4　土层承载力分析

2　高层建筑物场地地下水分布及变化特征分析

2.1　场地地下水水位及变化特征

2.2　场地地下水分布特征

七、高层建筑物结构验算

1 建筑形心、重心的偏心验算

2 地基承载力、变形验算

3 验算结果与实际情况对比

八、建筑倾斜、不均匀沉降原因分析

1 结构对称性分析

2 荷载均匀性分析

3 偏心验算分析

4 工程地质分析

5 地基承载力和变形分析

6 综合分析

九、鉴定结论

附录 B
高层建筑物抬升纠倾监测记录表

B. 0. 1 高层建筑物抬升纠倾工程沉降监测应按表 B. 0. 1 记录。

表 B. 0. 1 高层建筑物抬升纠倾工程沉降监测记录　　　　第　页，共　页

<table>
<tr><td colspan="16">工程名称：　建设单位：　施工单位：　监测单位：
基础形式：　结构形式：　建筑层数：　仪器型号：　基准点高程：</td></tr>
<tr><td rowspan="3">测点编号</td><td>第　次</td><td colspan="3">第　次</td><td colspan="4">第　次</td><td colspan="4">第　次</td><td colspan="4">第　次</td></tr>
<tr><td>年　月　日　时</td><td colspan="3">年　月　日　时</td><td colspan="4">年　月　日　时</td><td colspan="4">年　月　日　时</td><td colspan="4">年　月　日　时</td></tr>
<tr><td>首次高程(m)</td><td>本次高程(m)</td><td>本次沉降(mm)</td><td>沉降速率(mm/d)</td><td>本次高程(m)</td><td>本次沉降(mm)</td><td>累计沉降(mm)</td><td>沉降速率(mm/d)</td><td>本次高程(m)</td><td>本次沉降(mm)</td><td>累计沉降(mm)</td><td>沉降速率(mm/d)</td><td>本次高程(m)</td><td>本次沉降(mm)</td><td>累计沉降(mm)</td><td>沉降速率(mm/d)</td></tr>
<tr><td></td><td></td><td></td><td></td><td></td><td></td><td></td><td></td><td></td><td></td><td></td><td></td><td></td><td></td><td></td><td></td></tr>
<tr><td></td><td></td><td></td><td></td><td></td><td></td><td></td><td></td><td></td><td></td><td></td><td></td><td></td><td></td><td></td><td></td></tr>
<tr><td colspan="2">监测间隔时间(d)</td><td colspan="3"></td><td colspan="4"></td><td colspan="4"></td><td colspan="4"></td></tr>
<tr><td>监测人</td><td></td><td colspan="3"></td><td colspan="4"></td><td colspan="4"></td><td colspan="4"></td></tr>
<tr><td>记录人</td><td></td><td colspan="3"></td><td colspan="4"></td><td colspan="4"></td><td colspan="4"></td></tr>
<tr><td>备注</td><td colspan="15">简要分析及判断性结论：</td></tr>
</table>

B. 0. 2 高层建筑物抬升纠倾工程倾斜监测应按表 B. 0. 2 记录。

表 B. 0. 2 高层建筑物抬升纠倾工程倾斜监测记录

第　页，共　页

<table>
<tr><td colspan="15">工程名称：　　建设单位：　　施工单位：　　监测单位：
基础形式：　　结构形式：　　建筑层数：　　仪器型号：　　基准点高程：</td></tr>
<tr><td rowspan="3">测点编号</td><td colspan="2">第　次</td><td colspan="4">第　次</td><td colspan="4">第　次</td><td colspan="4">第　次</td></tr>
<tr><td colspan="2">年　月　日　时</td><td colspan="4">年　月　日　时</td><td colspan="4">年　月　日　时</td><td colspan="4">年　月　日　时</td></tr>
<tr><td>顶点倾斜值（mm）</td><td>倾斜率（%）</td><td>顶点倾斜值（mm）</td><td>顶点回倾量（mm）</td><td>回倾速率（mm/d）</td><td>倾斜率（%）</td><td>顶点倾斜值（mm）</td><td>顶点回倾量（mm）</td><td>回倾速率（mm/d）</td><td>倾斜率（%）</td><td>顶点倾斜值（mm）</td><td>顶点回倾量（mm）</td><td>回倾速率（mm/d）</td><td>倾斜率（%）</td></tr>
<tr><td></td><td></td><td></td><td></td><td></td><td></td><td></td><td></td><td></td><td></td><td></td><td></td><td></td><td></td><td></td></tr>
<tr><td></td><td></td><td></td><td></td><td></td><td></td><td></td><td></td><td></td><td></td><td></td><td></td><td></td><td></td><td></td></tr>
<tr><td>平均值</td><td></td><td></td><td></td><td></td><td></td><td></td><td></td><td></td><td></td><td></td><td></td><td></td><td></td><td></td></tr>
<tr><td colspan="3">监测间隔时间(d)</td><td colspan="4"></td><td colspan="4"></td><td colspan="4"></td></tr>
<tr><td>监测人</td><td colspan="2"></td><td colspan="4"></td><td colspan="4"></td><td colspan="4"></td></tr>
<tr><td>记录人</td><td colspan="2"></td><td colspan="4"></td><td colspan="4"></td><td colspan="4"></td></tr>
<tr><td>备注</td><td colspan="14">简要分析及判断性结论：</td></tr>
</table>

B. 0. 3 高层建筑物抬升纠倾工程水平位移监测应按表 B. 0. 3 记录。

表 B. 0. 3 高层建筑物抬升纠倾工程水平位移监测记录

第　页，共　页

<table>
<tr><td colspan="15">工程名称：　建设单位：　施工单位：　监测单位：
基础形式：　结构形式：　建筑层数：　仪器型号：　基准点高程：</td></tr>
<tr><td colspan="2" rowspan="3">测点
编号</td><td>第　次</td><td colspan="4">第　次</td><td colspan="4">第　次</td><td colspan="4">第　次</td></tr>
<tr><td>年　月　日　时</td><td colspan="4">年　月　日　时</td><td colspan="4">年　月　日　时</td><td colspan="4">年　月　日　时</td></tr>
<tr><td>首次
测点坐标(m)</td><td>本次
坐标
(m)</td><td>本次
变化
(mm)</td><td>累计
变化
(mm)</td><td>变化
速率
(mm/d)</td><td>本次
坐标
(m)</td><td>本次
变化
(mm)</td><td>累计
变化
(mm)</td><td>变化
速率
(mm/d)</td><td>本次
坐标
(m)</td><td>本次
变化
(mm)</td><td>累计
变化
(mm)</td><td>变化
速率
(mm/d)</td></tr>
<tr><td colspan="2">横向位移</td><td></td><td></td><td></td><td></td><td></td><td></td><td></td><td></td><td></td><td></td><td></td><td></td><td></td></tr>
<tr><td colspan="2">纵向位移</td><td></td><td></td><td></td><td></td><td></td><td></td><td></td><td></td><td></td><td></td><td></td><td></td><td></td></tr>
<tr><td colspan="2">特定方向
位移</td><td></td><td></td><td></td><td></td><td></td><td></td><td></td><td></td><td></td><td></td><td></td><td></td><td></td></tr>
<tr><td colspan="2">监测间隔时间(d)</td><td></td><td colspan="4"></td><td colspan="4"></td><td colspan="4"></td></tr>
<tr><td>监测人</td><td></td><td></td><td colspan="4"></td><td colspan="4"></td><td colspan="4"></td></tr>
<tr><td>记录人</td><td></td><td></td><td colspan="4"></td><td colspan="4"></td><td colspan="4"></td></tr>
<tr><td>备注</td><td colspan="14">简要分析及判断性结论：</td></tr>
</table>

B.0.4 高层建筑物抬升纠倾工程裂缝监测应按表B.0.4记录。

表B.0.4 高层建筑物抬升纠倾工程裂缝监测记录

第　页，共　页

<table>
<tr><td colspan="19">工程名称：　建设单位：　施工单位：　监测单位：
基础形式：　结构形式：　建筑层数：　仪器型号：　基准点高程：</td></tr>
<tr><td rowspan="3">裂缝位置/编号</td><td colspan="3">第　次</td><td colspan="3">第　次</td><td colspan="3">第　次</td><td colspan="3">第　次</td><td colspan="3">第　次</td><td colspan="3">第　次</td></tr>
<tr><td colspan="3">年　月　日　时</td><td colspan="3">年　月　日　时</td><td colspan="3">年　月　日　时</td><td colspan="3">年　月　日　时</td><td colspan="3">年　月　日　时</td><td colspan="3">年　月　日　时</td></tr>
<tr><td>裂缝长度(mm)</td><td>最大宽度(mm)</td><td>照片编号</td><td>裂缝长度(mm)</td><td>最大宽度(mm)</td><td>照片编号</td><td>裂缝长度(mm)</td><td>最大宽度(mm)</td><td>照片编号</td><td>裂缝长度(mm)</td><td>最大宽度(mm)</td><td>照片编号</td><td>裂缝长度(mm)</td><td>最大宽度(mm)</td><td>照片编号</td><td>裂缝长度(mm)</td><td>最大宽度(mm)</td><td>照片编号</td></tr>
<tr><td></td><td></td><td></td><td></td><td></td><td></td><td></td><td></td><td></td><td></td><td></td><td></td><td></td><td></td><td></td><td></td><td></td><td></td><td></td></tr>
<tr><td></td><td></td><td></td><td></td><td></td><td></td><td></td><td></td><td></td><td></td><td></td><td></td><td></td><td></td><td></td><td></td><td></td><td></td><td></td></tr>
<tr><td></td><td></td><td></td><td></td><td></td><td></td><td></td><td></td><td></td><td></td><td></td><td></td><td></td><td></td><td></td><td></td><td></td><td></td><td></td></tr>
<tr><td colspan="4">监测间隔时间(d)</td><td colspan="3"></td><td colspan="3"></td><td colspan="3"></td><td colspan="3"></td><td colspan="3"></td></tr>
<tr><td>监测人</td><td colspan="3"></td><td colspan="3"></td><td colspan="3"></td><td colspan="3"></td><td colspan="3"></td><td colspan="3"></td></tr>
<tr><td>记录人</td><td colspan="3"></td><td colspan="3"></td><td colspan="3"></td><td colspan="3"></td><td colspan="3"></td><td colspan="3"></td></tr>
<tr><td>备注</td><td colspan="18">简要分析及判断性结论：</td></tr>
</table>

B. 0. 5 高层建筑物抬升纠倾工程应变监测应按表 B. 0. 5 记录。

表 B. 0. 5 高层建筑物抬升纠倾工程应变监测记录

第　页，共　页

<table>
<tr><td colspan="17">工程名称：　　建设单位：　　施工单位：　　监测单位：
基础形式：　　结构形式：　　建筑层数：　　仪器型号：　　基准点高程：</td></tr>
<tr><td rowspan="3">测点编号</td><td rowspan="3">传感器编号</td><td rowspan="3">弹性模量(MPa)/标定值</td><td colspan="2">第　次</td><td colspan="4">第　次</td><td colspan="4">第　次</td><td colspan="4">第　次</td></tr>
<tr><td colspan="2">年　月　日　时</td><td colspan="4">年　月　日　时</td><td colspan="4">年　月　日　时</td><td colspan="4">年　月　日　时</td></tr>
<tr><td>安装前读数</td><td>安装完成后读数</td><td>本次读数</td><td>本次变化量</td><td>累积变化量</td><td>应力值(kN)</td><td>本次读数</td><td>本次变化量</td><td>累积变化量</td><td>应力值(kN)</td><td>本次读数</td><td>本次变化量</td><td>累积变化量</td><td>应力值(kN)</td></tr>
<tr><td></td><td></td><td></td><td></td><td></td><td></td><td></td><td></td><td></td><td></td><td></td><td></td><td></td><td></td><td></td><td></td><td></td></tr>
<tr><td></td><td></td><td></td><td></td><td></td><td></td><td></td><td></td><td></td><td></td><td></td><td></td><td></td><td></td><td></td><td></td><td></td></tr>
<tr><td></td><td></td><td></td><td></td><td></td><td></td><td></td><td></td><td></td><td></td><td></td><td></td><td></td><td></td><td></td><td></td><td></td></tr>
<tr><td></td><td></td><td></td><td></td><td></td><td></td><td></td><td></td><td></td><td></td><td></td><td></td><td></td><td></td><td></td><td></td><td></td></tr>
<tr><td></td><td></td><td></td><td></td><td></td><td></td><td></td><td></td><td></td><td></td><td></td><td></td><td></td><td></td><td></td><td></td><td></td></tr>
<tr><td colspan="3">监测间隔时间(d)</td><td colspan="2"></td><td colspan="4"></td><td colspan="4"></td><td colspan="4"></td></tr>
<tr><td>监测人</td><td colspan="2"></td><td colspan="2"></td><td colspan="4"></td><td colspan="4"></td><td colspan="4"></td></tr>
<tr><td>记录人</td><td colspan="2"></td><td colspan="2"></td><td colspan="4"></td><td colspan="4"></td><td colspan="4"></td></tr>
<tr><td>备注</td><td colspan="16">简要分析及判断性结论：</td></tr>
</table>

附录 C 高层建筑物纠倾工程竣工验收记录

C.0.1 高层建筑物抬升纠倾工程竣工验收记录应按表 C.0.1 记录。

表 C.0.1 高层建筑物抬升纠倾工程竣工验收记录

<table>
<tr><td>工程名称</td><td colspan="2"></td><td>结构类型</td><td colspan="2"></td><td>层数/建筑面积</td><td colspan="2"></td></tr>
<tr><td>施工单位</td><td colspan="2"></td><td>技术负责人</td><td colspan="2"></td><td>开工日期</td><td colspan="2"></td></tr>
<tr><td>项目经理</td><td colspan="2"></td><td>项目技术负责人</td><td colspan="2"></td><td>竣工日期</td><td colspan="2"></td></tr>
<tr><td>序号</td><td colspan="2">项目</td><td colspan="3">验收记录</td><td colspan="3">验收结论</td></tr>
<tr><td>1</td><td colspan="2">倾斜值</td><td colspan="3"></td><td colspan="3"></td></tr>
<tr><td>2</td><td colspan="2">倾斜率</td><td colspan="3"></td><td colspan="3"></td></tr>
<tr><td>3</td><td colspan="2">沉降值</td><td colspan="3"></td><td colspan="3"></td></tr>
<tr><td>4</td><td colspan="2">沉降速率</td><td colspan="3"></td><td colspan="3"></td></tr>
<tr><td>5</td><td colspan="2">安全和主要使用功能核查及抽查结果</td><td colspan="3">共核查　项，
符合要求　项，
共抽查　项，
符合要求　项。</td><td colspan="3"></td></tr>
<tr><td>6</td><td colspan="2">工程资料核查</td><td colspan="3">共　项，
经审查符合要求　项，
经核定符合规范要求　项。</td><td colspan="3"></td></tr>
<tr><td>7</td><td colspan="2">观感质量验收</td><td colspan="3">共抽查　项，
符合要求　项，
不符合要求　项。</td><td colspan="3"></td></tr>
<tr><td>8</td><td colspan="2">综合验收结论</td><td colspan="6"></td></tr>
<tr><td rowspan="2">参加验收单位</td><td>建设单位</td><td colspan="2">监理单位</td><td colspan="2">设计单位</td><td colspan="2">施工单位</td><td>监测单位</td></tr>
<tr><td>（公章）
单位（项目）负责人
年　月　日</td><td colspan="2">（公章）
总监理工程师
年　月　日</td><td colspan="2">（公章）
单位（项目）负责人
年　月　日</td><td colspan="2">（公章）
单位（项目）负责人
年　月　日</td><td>（公章）
单位（项目）负责人
年　月　日</td></tr>
</table>